LA PETITE VOLIÈRE

DES

ENFANS.

IMPRIMERIE DE CH. DEIS, A BESANÇON.

LA PETITE VOLIÈRE

DES ENFANS,

OU

LES OISEAUX

EN ESTAMPES,

Représentés dans une suite de 48 gravures.

PARIS,

EYMERY, FRUGER ET COMPe, LIBRAIRES,

rue Mazarine, n° 30.

1828.

HISTOIRE DES OISEAUX.

L'AIGLE ROYAL.

L'Aigle est le roi des oiseaux, comme le lion celui des quadrupèdes. La longueur de la femelle est de trois pieds et demi, depuis le bout du bec jusqu'à l'extrémité de la queue. Son œil est étincelant, son bec très fort, ses ongles noirs et crochus. Cet oiseau a peu d'odorat en comparaison du vautour; mais il a la vue perçante, et ne chasse qu'à la vue. Il enlève les oies, les grues, les lièvres, et même les petits agneaux. Provoqué par le besoin, ce tyran de l'air est assez hardi pour attaquer les daims, les cerfs et même les taureaux; les humains, surtout les enfans, ne sont pas toujours à l'abri de sa voracité. Il ne boit que rarement, et peut-être point du tout, lorsqu'il est en liberté : le sang de ses victimes suffit à sa soif. Jamais il ne se jette sur les cadavres. Son haleine, dit Buffon, est aussi forte que celle du lion, son cri également effrayant. Nés tous deux pour les combats et pour la proie, ils sont également féroces, également fiers et difficiles à dompter.

L'aigle royal se trouve dans les montagnes de France et dans les pays chauds et tempérés : l'aigle commun, ou de la petite espèce, au contraire, préfère les pays froids.

LE FAUCON.

Le Faucon est de couleur grise, armé d'un bec fort et crochu, et de serres vigoureuses. L'espèce blanche est plus rare; elle habite l'Islande, la Russie. On est parvenu à dresser ces oiseaux pour la chasse; mais l'homme n'a point influé sur leur naturel. On dompte à la vérité leur caractère farouche par la force de l'art et des privations; mais ils servent par nécessité, par habitude, et sans attachement. L'individu seul est esclave, l'espèce est toujours libre.

Lorsque le faucon est dressé, le chasseur le prend sur son poing. Il a soin de le tenir chaperonné, c'est-à-dire, la tête couverte d'un cuir qui lui descend sur les yeux, afin qu'il ne voie que ce qu'on veut lui montrer; et sitôt que les chiens arrêtent ou font partir le gibier, le fauconnier déchaperonne l'oiseau, et le jette en l'air après sa proie. Alors il s'élance, monte et s'élève par degrés jusqu'à perte de vue. Il domine ainsi sur la plaine : il étudie les mouvemens de sa proie, que l'éloignement de l'ennemi a rassurée; puis tout à coup il fond sur elle comme un trait, l'enlève et la rapporte à son maître.

LE VAUTOUR.

On distingue beaucoup d'espèces de ce genre d'oiseaux. Le vautour ordinaire est de la grandeur d'un aigle. Il a la tête et le cou chauves, le bec noir courbé à la pointe. Au-dessous du cou est une palatine ronde composée de plumes d'un brun jaunâtre : l'oiseau est presque entièrement de cette couleur. Il fait son nid dans des lieux si élevés et d'un accès si difficile, qu'il est très rare de pouvoir l'atteindre. Les vautours, dit Buffon, n'ont que l'instinct de la basse gourmandise et de la voracité : ils ne combattent guère les vivans que quand ils ne peuvent s'assouvir sur les morts. Pour peu qu'ils prévoient quelque résistance, ils se réunissent en troupe comme de lâches assassins, et sont plutôt des voleurs que des guerriers, des oiseaux de carnage que des oiseaux de proie. Ils s'acharnent sur les cadavres au point de les déchiqueter jusqu'aux os, et la corruption, l'infection les attire au lieu de les repousser.

LE GRAND-DUC.

Le Grand-Duc est le plus grand des oiseaux nocturnes. Il a deux touffes de plumes qui s'élèvent au-dessus des oreilles, en forme de cornes. C'est en quelque sorte l'aigle de la nuit, le roi de cette tribu d'oiseaux qui craignent la lumière du jour, et ne volent que lorsqu'elle s'éteint. Son cri est effrayant, et semble exprimer les sons d'un animal souffrant. Sa chasse la plus ordinaire est celle des jeunes lièvres, des lapins, des taupes, des souris. Il se nourrit aussi de serpens, de crapauds, de lézards. Cet oiseau, de la grosseur d'une oie, vole avec plus de légèreté que son volume ne paraîtrait le permettre : il supporte aussi plus aisément la lumière du jour que les autres oiseaux de nuit. On le voit souvent assailli par des milliers de corneilles : il soutient leur choc, pousse des cris plus forts que les leurs, et parvient à les mettre en fuite.

Le grand-duc est rare dans nos climats, où nous ne le voyons qu'en hiver. Le moyen-duc, au contraire, y reste toute l'année, et se trouve même plus aisément en été. L'espèce appelée petit-duc n'est pas plus grosse qu'un merle.

LA CHOUETTE.

La Chouette est de la taille d'un pigeon; elle a le plumage tanné et blanchâtre, la tête grosse et penchée en arrière. Son cri est *poupou, poupou.*

Cet oiseau fait son nid dans les creux des arbres et dans les vieux édifices. On ne le rencontre qu'à la pointe du jour et à l'entrée de la nuit. Il est l'ennemi de tous les petits oiseaux, et se nourrit aussi de lézards et de grenouilles; il dévore les souris dans les granges et les magasins. Si la chouette a l'imprudence de paraître pendant le jour, tous les oiseaux se réunissent et la poursuivent. Quand elle se voit enveloppée par ses ennemis, elle se couche sur le dos, et se défend victorieusement avec son bec crochu et ses griffes aiguës.

LA PIE.

La Pie est très commune en Europe, excepté dans la Laponie et dans les pays de montagnes. Sa tête, son cou, sa gorge et son dos sont noirs; sa poitrine blanche; la queue et les grandes plumes des ailes ornées de très belles couleurs mêlées de vert, de pourpre et de bleu.

Cet oiseau est babillard, et apprend facilement à parler. Son nid, placé sur les arbres les plus élevés et les plus inaccessibles, est fait avec une grande adresse : la surface est hérissée d'épines, et il n'y a qu'un trou fort étroit pour entrer. La pie se jette sur les moineaux et les autres petits oiseaux et les dévore. Son tempérament carnassier la porte même à détruire les petits lapereaux. Elle devient aussi familière dans les maisons qu'elle est naturellement sauvage dans les champs. Mais rien n'a pu réprimer son penchant pour le vol : aussitôt qu'elle croit n'être point observée, elle saisit à son bec l'objet qui a fixé son attention, l'argent surtout, et court le cacher dans quelque endroit retiré. Cet oiseau marche en sautant. Il est assez hardi pour manger dans les auges des pourceaux, qui souffrent volontiers qu'il monte sur leur dos pour y picoter des insectes qui les désolent. Un naturaliste a nourri une pie qui a vécu vingt ans; mais à cet âge elle était tout-à-fait aveugle de vieillesse.

LE CASSE-NOIX.

Le Casse-noix se trouve en grande quantité dans les montagnes de Suisse et de Savoie. Il n'est pas partout de la même grandeur ni de la même couleur; l'espèce en est extrêmement variée. Cet oiseau fait son nid dans le creux des arbres, et en rétrécit l'entrée avec de l'argile, en ne laissant qu'un petit passage pour lui. Il se nourrit non seulement d'insectes, mais de noix, de glands, de pommes de pin. Rien de si curieux que de lui voir manger une noisette : après l'avoir tirée de son magasin, et bien enfoncée dans une fente, il se tient debout au-dessus, la tête penchée en bas, comme pour mesurer son coup, puis, avec une adresse singulière, il frappe de toute sa force la noisette avec son bec; elle s'ouvre, se partage en deux, et il mange l'amande.

LE GEAI.

Le Geai diffère de la pie en ce qu'il est plus petit. Il a le bec noir, les yeux bleus; le derrière de la tête est roux, le dos plus pâle, les ailes traversées de taches bleues; les oncles sont noirs et un peu crochus.

Cet oiseau avale des glands tout entiers. C'est la nourriture qu'il prend l'automne et l'hiver, car il en fait provision : le printemps et l'été, il va chercher les pois verts, les groseilles et les cerises qu'il aime beaucoup. Il se nourrit quelquefois aussi de petits oiseaux.

On dit qu'il est sujet au mal caduc. Élevé en cage, il apprend à parler, à siffler. Il contrefait plusieurs sortes d'oiseaux, et se rend fort familier. Il est aussi voleur que la pie, et se plaît à chercher les lieux les plus secrets pour cacher ce qu'il a pris.

Il y a une espèce de geais entièrement blancs.

LE MERLE.

Le Merle commun se nourrit de fruits et d'insectes : il ne devient d'un beau noir, et son bec n'est d'un beau jaune que quand il est avancé en âge. Le merle aime à se baigner et à s'éplucher : il se tient de préférence dans les lieux solitaires. L'hiver, il ne fait que gazouiller; mais, dès le commencement du printemps, il anime la nature par ses chants. Cet oiseau a des talens naturels; les airs qu'il a une fois appris, il les retient toute sa vie. Il est docile, et on peut l'instruire à parler.

Le merle blanc, que le peuple promet dans les défis d'une exécution impraticable, existe. Il est rare, à la vérité; mais on le rencontre en Afrique, en Arcadie, et même en Savoie et en Auvergne.

LE COUCOU.

Cet oiseau emprunte son nom du cri qu'il fait entendre en chantant. On en distingue beaucoup d'espèces. Celui de nos climats a des plumes jusque sur les pieds : son plumage est cendré, traversé de lignes noires.

Le coucou est carnassier et vorace. Il se nourrit de chair de cadavres, de petits oiseaux, d'œufs, de chenilles, et quelquefois de fruits. On ne l'aperçoit en France que depuis le commencement de mai jusqu'à la fin de juillet. Dans tout le reste de l'année, il disparaît entièrement. La femelle à une singularité remarquable, c'est de pondre son œuf dans le nid d'un petit oiseau, et de l'abandonner. La mère à qui appartient ce nid couve l'œuf étranger, l'adopte, soigne le petit lorsqu'il est éclos, et le nourrit jusqu'à ce qu'il soit en état de prendre l'essor. Mais le jeune coucou, plus fort dès sa naissance, viole bientôt les droits de l'hospitalité. Après avoir dévoré ses frères, sa noire ingratitude le porte à se jeter sur la mère qui l'a couvé et nourri; heureuse, quand elle parvient à lui échapper!

LE PIVERT.

Cet oiseau tire la dernière partie de son nom de la couleur de son plumage, qui est d'un beau vert. Le haut de la tête est cramoisi, tacheté de noir, ainsi que le contour des yeux. Les pates sont courtes et fortes. Sa langue est très longue, armée de petites pointes, et toujours enduite de glu vers son extrémité.

Le pivert pond dans le creux des arbres cinq à six œufs. Il grimpe avec une grande facilité, et tire sa substance de petits vers ou insectes qui vivent sous l'écorce du vieux bois. Il essaie par de forts coups de bec qu'il donne dans les branches, les parties qui sont cariées et vides. On l'entend souvent frapper ainsi à une très grande distance. Quand il a découvert un endroit qui sonne creux, il casse avec son bec l'écorce et le bois; puis il pousse une sorte de sifflement dans le trou qu'il a fait, pour mettre en mouvement les insectes qui y dorment en sûreté. Alors il darde sa langue dans cette ouverture, et à l'aide des aiguillons dont elle est armée et de la colle dont elle est poissée, il emporte ce qu'il trouve de petits animaux, et les avale; il prend aussi les fourmis de la même manière.

LA HUPPE.

C'est un fort bel oiseau de passage. Sa tête est ornée d'une superbe crête, haute, composée d'un double rang de plumes dont la couleur est rousse, tirant sur le noir et le châtain, noires à l'extrémité, et qu'il peut abaisser ou relever à son gré. Le plumage des épaules et des ailes est bigarré de blanc et de noir. Cet oiseau n'est point fort sauvage : on le trouve fréquemment le long des routes; il ne s'effarouche pas beaucoup à la vue de l'homme. Il se pose la plupart du temps à terre, et ne reste guère chez nous qu'en été. La huppe se nourrit de vers, de boutures de bois, de chenilles; elle détruit aussi les souris. C'est un plaisir, quand elle est privée, de la voir se coucher devant le feu, et faire jouer sa belle crête.

LES COLIBRIS.

Ces oiseaux sont de petits chefs-d'œuvre pour leur beauté, pour leur forme, pour la petitesse de leur taille, et la richesse de leurs couleurs. On les trouve fort communément dans plusieurs parties de l'Amérique et aux Indes-Orientales. Il y en a beaucoup d'espèces, qui diffèrent par leur grandeur, par leur plumage : quelques-uns sont si petits, qu'on leur donne le nom d'oiseau-mouche. Les colibris, même desséchés, font un ornement si brillant, que les dames du pays les suspendent à leurs oreilles, comme nos dames font des diamans. Leurs nids sont d'une forme élégante. Les petits étant éclos, ne sont pas plus gros que des mouches. Ces charmans oiseaux ne se nourrissent que du suc des fleurs : rarement s'y reposent-ils ; ils voltigent autour de la plante comme le papillon, et sucent le suc du nectar avec leur langue longue, fine et déliée. On les élève assez facilement ; ils viennent se percher sur le doigt, voltigent autour de la tête, et font entendre un petit ramage fort agréable.

LE CHARDONNERET.

Les Chardonnerets vont en troupe, et font leurs nids dans les buissons et sur les arbres. Ils pondent six ou huit œufs. Cet oiseau, l'un des plus jolis de nos climats, a le devant de la tête et le dessous du bec rouges; le haut de la tête noir, les ailes de la même couleur, bigarrées de blanc, et traversées de bandes jaunes Le chardonneret a été ainsi nommé parce qu'on le voit communément sur les chardons, dont il mange la graine. Il est facile à apprivoiser, et peut vivre jusqu'à vingt ans.

L'ALOUETTE.

Les Alouettes sont des oiseaux de passage. Les plumes de la tête, qu'elles hérissent quelquefois en forme de petite crête, sont d'un roux cendré, et le milieu en est noir : celles du dos sont de la même couleur. Les alouettes ont l'ongle de derrière très long, ce qui leur donne beaucoup de facilité pour courir dans les terres labourées. Le fond de leur nid est en terre, et fermé avec des brins d'herbe. Dès les premiers jours du printemps, ces oiseaux égaient la campagne par leur mélodie : ils s'élèvent dans les airs en chantant. On les prend à la traînasse, ou au miroir lorsque le soleil brille.

LA BERGERONNETTE.

Il y a trois espèces de Bergeronnettes : l'une noire et blanche, l'autre jaune, et la troisième cendrée. Ces jolis oiseaux sont de la forme la plus élégante, et ne volent pas loin sans se poser. On les trouve le long des rivières, et dans les prairies à la suite des troupeaux. Ils se font remarquer par le branlement continuel de leur queue qui est fourchue et plus longue que leur corps. Leurs nids sont composés de brins d'herbe, et d'une couche de poils dans le fond. Ils se trouvent dans les blés. Les bergeronnettes se perchent souvent sur le dos des bœufs, pour y chercher de petits insectes qui incommodent ces animaux. Lorsqu'on retourne un champ après une pluie, il n'est pas rare de voir le laboureur suivi d'une foule de ces oiseaux, qui viennent presque sous ses pieds se disputer les vers que le soc de la charrue a fait sortir.

LE ROUGE-GORGE.

Le Rouge-Gorge est facile à distinguer à cause de sa poitrine qui est d'un rouge orangé. Il a le dos brun cendré. Cet oiseau nous console l'hiver de l'absence du rossignol : il anime alors par ses chants la nature attristée; ses accens sont doux et mélodieux. Le rouge-gorge aime beaucoup la solitude; mais, à l'approche des gelées, il vient dans les jardins et jusque dans les maisons, sans que la vue de l'homme paraisse l'effrayer. On l'apprivoise facilement, et il devient très familier.

LE ROITELET.

C'est le plus petit oiseau d'Europe. Son plumage est généralement d'un bai-brun, excepté la poitrine qui est blanche, tachetée de noir par les côtés. Le roitelet fait le plus souvent son nid dans les haies, et lui donne la forme d'un œuf dressé sur un de ses bouts. Ce petit oiseau aime à se tenir seul, et même lorsqu'il rencontre un de ses semblables, ils se battent jusqu'à ce que l'un des deux prenne la fuite, et reconnaisse ainsi la supériorité de son rival. Le roitelet est alerte, toujours en mouvement. Il porte la queue troussée comme un coq, et se nourrit de vers et d'araignées. On ne le prend que très difficilement. Il n'est jamais mélancolique; jamais ses chants ne sont moins vifs, moins animés : l'esclavage même ne peut altérer sa gaieté; et, du sein de sa prison, sa voix se fait encore entendre.

LA MÉSANGE.

La Mésange a la tête et le menton coiffés de noir; de chaque côté des tempes une raie large et blanche : les épaules et le milieu du dos sont d'un vert jaunâtre; le croupion est bleu, le ventre et les cuisses jaunes. Cet oiseau se tient dans les bois; il monte et descend à la manière des piverts, en s'accrochant aux branches et aux troncs d'arbres. On le prend au collet, en lui donnant pour appât ou du suif, ou des noix entamées dont il est fort friand. Son chant est doux, mais il ennuie par sa monotonie. Les mésanges se nourrissent de chenilles et d'insectes; mais lorsqu'elles voient des oiseaux, de leur espèce même, qui sont malades ou faibles, elles les poursuivent, et leur tirent la cervelle à coups de bec.

L'HIRONDELLE
DE CHEMINÉE.

Le plumage de cette espèce d'Hirondelle est d'une fort belle couleur bleue foncée rougeâtre : elle a une tache sanguine obscure au menton : sa poitrine et son ventre sont blanchâtres, et sa queue fourchue. L'hirondelle a un gazouillement assez agréable ; mais on ne peut la tenir en cage. Il n'y a point d'oiseau qui vole avec tant de rapidité ; aussi elle entre familièrement dans les maisons, et fait son nid au plancher ou dans les cheminées : elle bâtit l'extérieur avec du chaume, du foin et de la paille, en prenant toujours une becquée de boue avec chaque brin, afin de mieux mastiquer le tout ensemble. Elle saisit en volant les insectes dont elle se nourrit, et se pose rarement à terre, à cause du peu de longueur de ses pieds. Ce sont de toutes les hirondelles celles qui s'en vont le plus tard. Lorsqu'il s'agit de partir, elles se réunissent et s'envolent toutes ensemble. Leur retour nous annonce le printemps.

L'HIRONDELLE

DE FENÊTRE.

Cette Hirondelle fait son nid aux portes, aux fenêtres des maisons et des églises. On raconte que deux moineaux s'étant emparés d'un de ces nids en l'absence des propriétaires, refusèrent de le leur rendre à leur retour. Les hirondelles ainsi chassées sonnent l'alarme : aussitôt toutes s'assemblent; on va de nouveau inviter les moineaux à sortir; sur leur refus, chacun gâche de la poussière avec une goutte d'eau, et prend à son bec cette petite motte de limon : alors le peuple hirondelle passe alternativement devant l'entrée du nid, y dépose le mastic dont il s'est muni, ferme et claquemure ainsi les moineaux, qui y moururent de faim.

Cette hirondelle a le dessus de la tête, du cou et du dos comme la précédente; mais le ventre, les jambes et le croupion sont blancs.

LE PIGEON.

Les Pigeons ont en général une forme élégante, un plumage bien nuancé. Ils sont d'une précieuse utilité pour la nourriture de l'homme. On en trouve dans le nord; mais les climats chauds ou tempérés paraissent leur convenir davantage. Ces oiseaux se nourrissent de grains; leur vol est très rapide et sifflant, surtout quand ils sont poursuivis par l'épervier ou le milan. Ils ont le plus grand soin de leurs petits, et le mâle partage avec la femelle toute la fatigue de leur éducation. Les pigeons ont de certaines qualités qui leur sont communes, l'amour de la société, et l'attachement à leurs semblables. Comme ils volent avec une rapidité extraordinaire, il est encore d'usage dans l'Orient de leur attacher à la pate ou sous l'aile des lettres, et de les dresser à porter et à rapporter ces messages, dans les occasions où l'on a besoin d'une extrême diligence.

LA TOURTERELLE.

Cet oiseau est regardé comme l'emblème de la fidélité et de l'innocence. Sa voix est gémissante, son vol haut, léger et très rapide. Il habite les bois les plus sombres et les plus frais. La tourterelle a le bec bleu sombre en dehors, les pates rouges et les griffes noires. La tête et le milieu du dos sont d'un bleu noir cendré; les épaules et le croupion d'un rouge de rouille. Chaque côté du cou est un peu vert et orné de très belles plumes noires, dont les pointes sont blanchâtres. Ces oiseaux vont par couples, et quand il en meurt un des deux, celui qui reste n'en veut souffrir aucun autre; il passe le reste de ses jours dans le veuvage et la solitude. La tourterelle vit de toutes sortes de grains, et cause parfois de grands dégâts dans les champs. Elle arrive dans nos climats fort tard au printemps, et les quitte dès la fin du mois d'août. Cet oiseau, lorsqu'il est jeune, est un mets délicieux.

LE COQ.

Ce genre d'oiseau se fait remarquer par la beauté de sa taille, sa démarche fière et majestueuse, sa crête d'un rouge vif, la variété et la richesse de son plumage. Il annonce par son chant les heures de la nuit et la pointe du jour. Les coqs sont fiers et courageux; ils se battent avec opiniâtreté. Ce spectacle est du goût de plusieurs nations, et donne lieu à des paris considérables. Il y a de ces coqs belliqueux qui préfèrent la mort à une fuite ignominieuse ou à une honteuse défaite. Le coq est plein de tendresse pour ses poules; il les avertit du danger, les appelle pour partager les grains qu'il a trouvés, et pousse quelquefois la complaisance jusqu'à s'en priver pour elles.

LE FAISAN.

Les Faisans sont admirables par la variété et l'éclat de leur plumage, qui est brun, couleur d'or et vert. Leur queue est fort longue. Ils se perchent la nuit dans les hautes futaies ; le jour, ils fréquentent les bois taillis et les lieux remplis de broussailles; car ils sont d'un caractère sauvage. Quoique accoutumés à la société des hommes, ils s'éloignent le plus qu'ils peuvent de toute habitation, et il est très difficile de les apprivoiser. Ceux qui viennent de perdre leur liberté sont furieux; ils fondent à grands coups de bec sur les compagnons de leur captivité. Lorsqu'on chasse le faisan au chien couchant, et qu'il a été rencontré, il regarde fixement le chien tant qu'il est en arrêt, et donne ainsi au chasseur le temps de le tirer à son aise.

LE PAON.

C'est un oiseau connu de tout le monde. La femelle n'a pas les couleurs du mâle; elle est d'un gris tirant sur le brunâtre. Si l'empire, dit Buffon, appartenait à la beauté, et non à la force, le paon serait sans contredit le roi des oiseaux; il n'en est point sur qui la nature ait versé ses trésors avec tant de profusion. L'air de sa tête, ornée d'une aigrette mobile et légère, les couleurs de son corps, les yeux et les nuances de sa queue, cette roue qu'il promène avec pompe, l'attention avec laquelle il l'étale aux yeux d'une compagnie que la curiosité lui amène, tout est singulier et ravissant. Lorsqu'il voit les regards fixés sur lui, il marche en face du soleil, il se mire dans sa queue, il semble gonflé d'orgueil. Mais ces plumes brillantes tombent chaque année, et le paon, alors honteux de sa perte, cherche à se cacher à tous les yeux, jusqu'à ce qu'un nouveau printemps lui rende sa parure et sa beauté.

LA PINTADE,

OU

POULE D'AFRIQUE.

Cet oiseau paraît peint de taches blanches et noires : il est de la grandeur et de la figure de nos poules domestiques ; mais il a la queue baissée comme la perdrix, et sur le dos une espèce de bosse formée par le replis des ailes. La pintade est extrêmement vive, inquiète et turbulente ; elle ne vole pas fort haut, mais elle court avec une extrême vitesse. Son humeur querelleuse la fait redouter dans les basses-cours; elle veut y dominer même sur les poulets d'Inde. Sa pétulance, la vivacité de ses mouvemens, la dureté de son bec, la rendent redoutable. Le coq d'Inde, fier de sa taille et de sa corpulence, s'avance fièrement pour la combattre; mais elle le désole par sa promptitude et son impétuosité, et elle a déjà fait dix tours et donné dix coups de bec, avant que son ennemi ait songé à se mettre en défense. La femelle aime mieux pondre dans les haies et les broussailles que dans les poulaillers. La pintade est comptée parmi les meilleurs gibiers.

LA PERDRIX.

On distingue en France deux espèces de Perdrix : la grise et la rouge. Celle-ci est plus grosse et plus belle. Cet oiseau produit beaucoup de petits, car il pond seize à dix-huit œufs. Comme la femelle est seule chargée du soin de couver, presque toutes les plumes du ventre lui tombent pendant ce temps. Le mâle se tient toujours à portée du nid, attentif à sa femelle, toujours prêt à l'accompagner lorsqu'elle se lève. A peine les petits sont-ils éclos, souvent même couverts encore des débris de leur coquille, qu'ils courent à la suite du père et de la mère. Un chasseur et son chien approchent-ils ? le mâle, aussi bon père qu'il fut bon époux, part le premier, et va se poser à quelque distance ; quelquefois même il revient sur le chien en battant des ailes, et l'attaque pour donner à sa famille le temps de s'éloigner. Plus souvent il fuit, mais pesamment, en traînant l'aile, comme s'il était blessé; en un mot, assez vite pour n'être pas pris, mais pas assez pour décourager l'avide chasseur qui le poursuit. D'un autre côté, la mère, qui est partie un instant après lui, d'un vol beaucoup plus rapide et dans une autre direction, revient fort vite le long des sillons retrouver ses petits, qui se sont cachés avec soin sous les herbes, et qui ne font pas le moindre bruit; elle les rassemble promptement et les emmène fort loin. Lorsque le danger n'existe plus, elle appelle son mâle, qui revient à l'instant auprès d'elle.

LA CAILLE.

C'est un oiseau de passage, dont les plumes représentent comme des écailles, et dont la queue est courte. La caille se nourrit de blé, de millet et de quelques autres graines. La femelle fait son nid contre terre, et y dépose jusqu'à seize œufs. Aussitôt que les petits sont éclos, ils se mettent à trotter, et la mère les retire sous ses ailes comme les poules et les perdrix. Les mâles sont courageux; ils aiment tant à se battre, qu'autrefois, dans Athènes, on les dressait au combat à la manière des coqs. A Naples encore, tout le monde court avec un vif empressement à ce spectacle. Il est étonnant de voir un oiseau si faible montrer autant d'audace et de courage. La liberté a pour lui tant de charmes, qu'après deux ou trois ans de captivité, lors même qu'il n'a reçu que de bons traitemens, s'il peut trouver l'occasion de fuir ses maîtres, il s'envole et ne revient plus. La caille est un des mets les plus exquis qu'on serve sur nos tables.

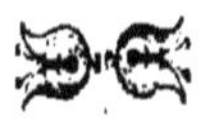

LE CROQUE-BLÉ.

C'est un oiseau de passage, armé d'un bec court et fort. On le trouve dans les blés, les gazons et l'avoine. Les croque-blés sont assez haut montés sur leurs jambes, et ont un cri qu'ils répètent sans cesse. Les plumes qui couronnent leur tête descendent sur leur cou, de manière à dérober même à la vue une partie du dos. Ces plumes sont noires et bordés d'un brun bai; le ventre est blanc, les cuisses d'un gris cendré. Ces oiseaux se trouvent en abondance dans la province de Galles en Angleterre; ils y paraissent au mois d'avril. On suppose qu'ils se rendent dans ce pays en traversant l'Irlande, où on en voit un très grand nombre.

L'OUTARDE.

L'Outarde est de la grosseur du coq d'Inde, et se nourrit d'herbes et de graines; elle a la tête et le cou de couleur cendrée, le ventre blanc et le dos bigarré de lignes rousses et noires. En hiver, les outardes vivent en troupes dans les plaines. Il y en a toujours une qui fait sentinelle, la tête levée, l'œil aux aguets, pour avertir les autres par un cri dès que quelqu'un paraît; et comme elles ont beaucoup de peine à s'élever à cause du peu de longueur de leurs ailes, elles s'y prennent de bonne heure. Quoiqu'elles courent fort vite en battant des ailes, les lévriers les attrapent souvent. Ces oiseaux ne peuvent se percher sur les arbres, à cause de la structure de leurs pieds, qui n'ont point de doigt de derrière. On en voit beaucoup aux environs de Châlons, en Champagne.

LE PERROQUET.

On compte plus de cent espèces de perroquets. Tous ont un bec crochu qui leur sert de troisième pied pour monter aux arbres, se pendre aux branches, et se défendre contre les attaques des animaux carnassiers. Ils se nourrissent de graines, de fruits, et même de petits oiseaux. L'espèce verte et la grise sont les plus connues en France. Les perroquets ne se rencontrent que dans les climats chauds : ils volent en troupes. Quand un chasseur en tue un d'un coup de fusil, les autres regardent leur camarade tomber, et se mettent à crier de toutes leurs forces. Ces oiseaux apprennent parfaitement à parler; ils sont dociles, et aiment à être caressés. On en a vu un à Paris qui accompagnait sa maîtresse lorsqu'elle touchait du piano, et exécutait différens airs d'opéra, avec le ton et les inflexions de la voix, d'une manière vraiment surprenante.

LE MARTIN-PÊCHEUR.

Lorsque cet oiseau trouve un lieu commode sur le bord de quelque rivière ou d'un étang, qu'il y a découvert un trou creusé par les rats d'eau ou par des racines, il s'y établit et y couve; sa ponte est de quatre œufs. Il se nourrit de poissons, qu'il saisit avec une adresse surprenante, en rasant la surface de l'eau. Lorsqu'il en a digéré la chair, les arrêtes, les écailles, les nageoires, se forment en pelote dans son estomac, et il les revomit dans son nid en une petite masse ronde. Le martin-pêcheur ne se pose presque point à terre, parce que ses jambes sont trop courtes. La femelle est moins belle que le mâle : tous deux s'aiment tendrement. Leur chair n'est pas bonne à manger. Cet oiseau a le bec droit et pointu, la poitrine d'un rouge de cuivre luisant; tout le dos est orné d'une couleur bleue claire, argentée et éblouissante.

L'AVOCETTE.

C'est un oiseau aquatique de la grosseur du pigeon, dont le bec, long de quatre à cinq doigts, pointu et noir, est relevé par le bout. L'avocette a les jambes longues, et les doigts antérieurs liés par des membranes. La moitié inférieure des cuisses est sans plumes. Cet oiseau, dont le cri est *crex*, *crex*, se rencontre en Italie, sur les rivages, et notamment dans les environs de Ferrare : on l'a aussi trouvé en Suisse et en Suède. Son plumage est en partie blanc, et en partie noir.

LA SPATULE.

La Spatule du Mexique est d'un blanc rougeâtre, celle de Cayenne d'un beau rose; l'autre espèce est entièrement blanche. Cet oiseau a un panache de plumes derrière la tête; son bec, qui est d'une forme singulière, est large vers le bout, arrondi et aplati en dessus et en dessous comme une pelle, et la partie voisine de la tête est étroite et faite comme une palette. La spatule se nourrit de serpens, de grenouilles, d'insectes, de poissons; elle fait son nid sur le sommet des arbres les plus élevés. Ses œufs sont blancs, mouchetés de rouge, et aussi gros que ceux d'une grande poule.

LE HÉRON.

Le Héron est plus petit que la cigogne et que la grue; il a le bec long et droit, la tête ornée d'une crête de plumes, le dos cendré et bigarré de blanc, les ailes extrêmement étendues. Ces oiseaux volent fort haut, et font leur nid sur les arbres les plus élevés. Les hérons sont solitaires et sauvages. Comme ils ont les jambes très longues, ils s'avancent souvent dans l'eau, où ils font une grande destruction de petits poissons et de grenouilles; leurs grandes ailes leur sont d'un secours infini pour pouvoir emporter de lourds fardeaux dans leur nid, qui est quelquefois à deux lieues de l'endroit où ils pêchent.

LA FOULQUE

OU

MORELLE.

La Foulque est grosse comme une poule ordinaire; elle a la poitrine cendrée, et le dos noir brunâtre.

Cet oiseau marche gravement, se tenant droit sur ses longs pieds, dont les ongles sont un peu courbés et pointus. Il se plaît dans les marais, dans les étangs, et se perche rarement sur les arbres. Sa nourriture se compose d'herbes, de semences, et de petits poissons. La foulque est timide, et le moindre bruit l'effraie. Elle fait son nid avec des jongs brisés, et de manière qu'il flotte sur la surface de l'onde, s'élève et s'abaisse selon la crue ou la diminution des eaux. Sa construction dans les roseaux est telle qu'il n'est jamais entraîné par le courant.

LE GRÈBE.

Genre d'oiseau dont le caractère est de ne point avoir de queue. Le grèbe est plus gros que la foulque. Sa tête est petite, ses ailes et ses jambes très courtes, son bec étroit et pointu. Les plumes du derrière de la tête sont un peu plus longues que les autres, et forment une petite crête partagée en deux pointes. Le dos est brunâtre, le cou et le ventre blancs, luisans et argentés.

Cet oiseau plonge avec une grande facilité : il va

chercher le poisson à une profondeur presque incroyable. La poitrine et le ventre du grèbe fournissent des plumes d'une blancheur et d'une finesse qui les font rechercher.

LE GOBE-MOUCHE.

Le Gobe-mouche vulgaire a le bec d'un brun roussâtre, la tête et le dos de couleur plombée, mêlée de jaune, les pates noirâtres. Ces oiseaux suivent les bœufs et les vaches à cause des mouches qu'ils trouvent à leur suite, et dont ils sont fort avides.

On en compte beaucoup d'espèces : celle de Madagascar a la queue fort longue et le plumage aurore ou noirâtre, quelquefois tacheté de blanc; sa huppe naît de la base du bec, et se dirige vers la pointe, surtout lorsque l'oiseau est agité de quelque passion.

LE VANNEAU.

Le Vanneau est commun en France : il court avec beaucoup de grâce et de vitesse. Sa nourriture se compose de chenilles, de limaçons et de sauterelles. Il bat la terre avec ses pieds, en s'élevant et se laissant retomber, pour agiter les vers, les faire sortir, et se jeter sur eux au moment qu'ils paraissent. Le sommet de la tête de cet oiseau est d'un vert luisant. Sa huppe sort en arrière, et se compose d'environ vingt plumes.

La gorge est noire, le dos d'un vert brillant, embelli de deux taches pourprées. Les pates sont longues.

Le vanneau ne fréquente que les lieux frais et humides. Il est vif, très animé, et se plaît à jouer dans les airs. La femelle fait son nid au milieu de quelque bruyère, et les petits, à peine éclos, trottent après leur mère comme les poulets.

LE ROUGE-QUEUE.

C'est un oiseau du genre des fauvettes. Le Rouge-Queue d'Amérique est regardé comme une espèce de rossignol de muraille. Son chant est très harmonieux; sa tête est noire; il a le bec blanc, les yeux luisans, le devant du cou marqué d'une tache noire, la poitrine et le ventre bleus; le dos, les ailes et la queue sont d'un rouge d'écarlate; les pieds sont assez longs, grêles, et bien onglés. Celui de la Chine a le plumage mélangé de jaune et de vert ; les pieds et les jambes d'un beau jaune.

LE COQ
DE BRUYÈRE.

Le Coq de bruyère est à peu près de la grosseur du coq d'Inde. Ses ailes et sa queue sont traversées d'une bande blanche.

Cet oiseau, né libre, et jaloux de son indépendance, se plaît dans les endroits écartés. C'est l'animal le plus paisible; il ne mange que des œufs de fourmis, des pommes de pin et des fruits. La poule de bruyère est plus petite que le coq. Elle pond jusqu'à huit ou dix œufs. Lorsqu'elle est obligée d'aller chercher sa nourriture, elle les recouvre si soigneusement de mousse, qu'il est très difficile de les apercevoir. Lorsque les petits sont éclos, la mère les promène dans les bois, et leur prodigue les plus tendres soins. Ces oiseaux ne sont pas si nombreux qu'ils devraient l'être, parce que les renards et les oiseaux de proie en détruisent une grande quantité. On en voit cependant beaucoup dans le nord de l'Écosse, et dans les Alpes.

LE CYGNE.

Le Cygne est un des plus beaux oiseaux aquatiques. Il pèse jusqu'à vingt livres. La blancheur de son plumage a passé en proverbe. Il nage avec une noblesse, une aisance et une grâce singulière. Il est impossible de voir un spectacle plus agréable et plus élégant que celui d'une troupe de cygnes au milieu des eaux, lorsque, ayant soulevé leurs ailes en forme de voiles, le vent les enfle, et fait voguer avec rapidité cette flotte emplumée.

La femelle aime éperduement ses petits, et les défend avec courage. Le cygne sauvage est moins grand et moins pesant que le domestique. Ces oiseaux volent par bandes, ayant, dit-on, chacun le bec appuyé sur le cygne qui précède; et quand le premier est fatigué, il cède sa place à un autre, et va se ranger à la queue de la troupe.

LE PÉLICAN.

Le Pélican est beaucoup plus gros qu'un fort cygne. Son bec est plat, large, courbé vers le bout, très gros vers la tête, et long de près d'un pied. Cet oiseau a sous la mâchoire inférieure une grande poche ou sac, qui lui pend sur la gorge. Ses jambes sont noires et fort longues. Le pélican a les ailes très grandes, et il s'élève à une prodigieuse hauteur. Il fait son nid sur terre, quelquefois à quarante lieues de la mer, où il est obligé de venir pêcher. Lorsque son sac est vide, il ne paraît pas beaucoup ; mais si l'oiseau a fait sa provision, il est surprenant de voir la quantité et la grosseur des poissons qu'il y fait entrer; car son premier soin en pêchant est de remplir ce sac, soit pour manger ensuite sa proie à son aise, soit pour la porter à ses petits. La chair du pélican est dure et sent l'huile.

L'AUTRUCHE.

L'Autruche est le plus grand de tous les oiseaux. Ses jambes sont grosses, fortes et hautes; son cou très long et nu, sa tête petite. Ses cuisses sont sans plumes jusqu'au genou. Elle ne se sert de ses ailes, qui sont fort courtes, que pour s'aider dans sa course.

Les autruches font rarement entendre leur voix. Elles avalent des pierres pour broyer leurs alimens et en faciliter la digestion. Leurs œufs sont déposés dans le sable; ils contiennent une bouteille de liqueur : la solidité de la coque devient telle, avec le temps, qu'elle permet qu'on en fasse des vases qui ressemblent à l'ivoire, et dont on se sert comme de nos tasses de porcelaine. L'autruche se trouve dans une partie de l'Asie : sa vraie patrie est l'Afrique. Elle habite de préférence les lieux secs et arides; où il ne pleut jamais. Ces oiseaux se réunissent, dans ces déserts, en troupes nombreuses qui, de loin, ressemblent à des escadrons de cavalerie. Leur chasse est un des plus grands plaisirs des seigneurs africains.

L'autruche n'attaque jamais les animaux plus faibles; elle se défend même rarement lorsqu'on la poursuit, et cependant la force de ses jambes est telle, qu'elle peut renverser un homme d'un coup de pied. Les plumes de cet oiseau sont magnifiques; on en fait un grand commerce.

LE DRONTE.

Il reste peu d'espoir de retrouver cet oiseau extraordinaire, dont la race parait absolument perdue. Les premiers navigateurs qui abordèrent aux îles de Mascareigne et de Cirne, y trouvèrent des drontes en abondance. Ils les regardèrent d'abord comme des objets précieux de ravitaillement; mais leur chair dégoûtante et fétide fit bientôt renoncer à un aliment que la nécessité seule eût pu rendre supportable. Les habitans poursuivirent avec acharnement cette race d'oiseaux inutile et incommode. Les drontes, que leur pesanteur et le peu de longueur de leurs ailes mettaient dans l'impossibilité de se réfugier dans les vastes forêts du continent, ont ainsi disparu du sol où on ne voulait pas les souffrir. Il ne reste aujourd'hui de cet oiseau, même parmi les créoles, qu'un souvenir confus et des descriptions inexactes.

FIN.

www.ingramcontent.com/pod-product-compliance
Ingram Content Group UK Ltd.
Pitfield, Milton Keynes, MK11 3LW, UK
UKHW021555260726
13993UKWH00002B/859

9 782329 297491